探索地外生命

李珊珊　胡　瀚　编著

吉林出版集团股份有限公司

前言

人类一开始思考，就不停地追问自己从哪里来，也不停地猜想，除了我们之外，在天上是否还有外星人生活着。于是古人幻想出了天上的神仙，想象住在另一个星球上的生命正在看着我们。然而，事实究竟如何呢？

生命在地球上从诞生之日起，就是一个奇迹。

科学家会说，那是在几百几千万年前，地球诞生之后，原始大气中的各种成分与闪电等自然现象相互作用发生的巧合。浪漫，却又令人不禁好奇深思。而随着生命的演化，人类这样高智慧生物的出现，更是奇迹中的奇迹。

对天文学有所了解的人也许知道，宇宙中有无数的与地球相似的星球。它们的上面，可能有类似的奇迹吗？它们的表面或许也有像原始地球一样的大气、海洋，有电闪雷鸣。它们的上面会有生命吗？

在这本书中，我们将从地球生命的起源讲起，带你一起探索宇宙中的地外生命。

目录 CONTENTS

生命的起源与演化 ①

什么是生命

在探索地外生命是否存在的问题之前，我们先来了解一下，生命究竟是什么。

我们知道花草是生命，小猫小狗是生命，蝴蝶、蜻蜓是生命，我们自己是生命……但是如果真要给生命下一个定义，它究竟是什么呢？是不是只有花草树木、昆虫动物和我们人类才是生命？

在我们讨论外星生命之前，必须明确的一点就是，一种物体是不是生命，并不以大小区分，也不以它们是否会运动和说话来区分。

蝴蝶图片

　　严谨的科学家会告诉我们，生命是具有可辨识生物过程（例如生物信号和自我维持系统）的物理实体。它们区别于那些没有那种生物过程的实体——有可能是因为它们的生物过程已经停止（死亡）或并不具有类似功能。对于这些实体，我们称其为无生命的实体。

　　这样的表达对于普通人来讲很难理解，却是十分严谨的。可以让科学家去判断一种未知事物究竟是不是生命。比如肉眼看不到的微生物、一个大得好像小山一样的恐龙，在它们停止生命活动之前，它们都属于生命。

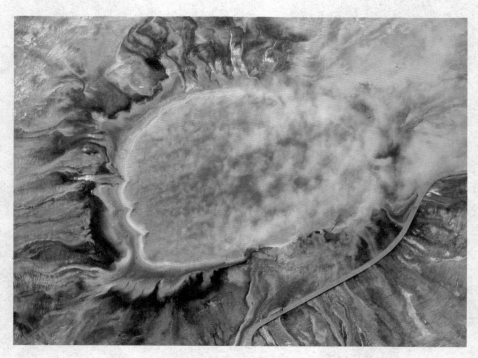

航拍黄石公园大棱镜温泉周围的微生物群落

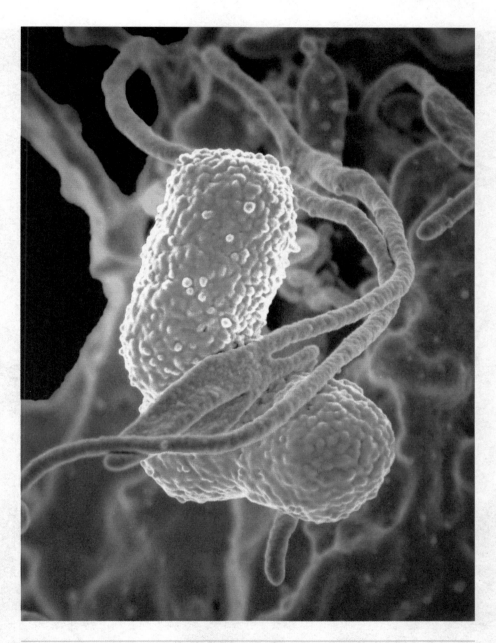

电子显微镜下的克雷伯杆菌，可引起克雷伯杆菌急性肺部炎症。它的大小只有0.5~1微米。1毫米=（1000微米）

蜻蜓

◼ 生命是如何出现的

那么地球上的生命究竟是如何出现的呢？也就是说，生命的起源究竟是怎样的？

我们无法乘坐时间机器，回到很久很久以前，去亲眼见证生命诞生的那一刻。所以即使是科学家，也只能从现在地球上的土壤、岩石、海洋中寻找线索，推测在生命诞生的那一刻究竟发生了什么。

冰川国家公园的前寒武纪叠层石。2002年，一篇在《自然》期刊发表的论文认为，这些有35亿年历史的古老地质结构中含有蓝藻化石，它们是目前已知的地球上最早的生命形式

原始地球

生命诞生于很久很久以前，这是毋庸置疑的。那时候，地球可能刚刚形成10亿年左右，有原始大气和原始海洋，稳定的陆地板块可能刚刚形成，只有氢气、氨气和水蒸气等简单的化学元素充斥在空中、陆地和海洋里。我们称那时候的地球是原始地球。

但是形成生命却必须有更复杂的结构，比如氨基酸、蛋白质等。那么，原始地球上是如何出现这种复杂分子结构的呢？

原始地球想象图

米勒实验

米勒实验，或称米勒模拟实验，是1953年美国芝加哥大学研究生米勒所做的一个化学实验。他在实验室的条件下，使用各种设备模拟了早期地球只有原始大气、生命还没有形成时的环境。其目的是验证在这样的条件下，是否会诞生生命。

简而言之，米勒实验所试图验证的，是生命从无到有那一刹那究竟有没有可能发生。

在科学家看来，生命诞生的一个前提，是要生产复杂的有机物。而在原始地球上，大自然并不存在这种物质。米勒实验使用了水、甲烷、氨和氢气等科学家认为当时地球大气中含有的物质。他将它们封闭在一个密闭的实验装置内。这个装置是为实验专门设计的。

然后，米勒模拟原始地球大气中可能出现的雷电现象，对这些气体放电。经过了一段时间，他收集到了含有有机物的液体！

虽然后来科学家根据新的发现，认为原始地球大气成分可能与米勒所模拟的情况有所不同。但是即使在成分变化的情况下，依然可以得到无机物生成有机物的结果。

对于渴望寻找地外生命的科学家来讲，这似乎意味着，即使我们找不到与地球现在相似的星球，但是能找到类似原始地球的行星，上面也可能存在着诞生生命的条件——甚至生命也已经诞生了！

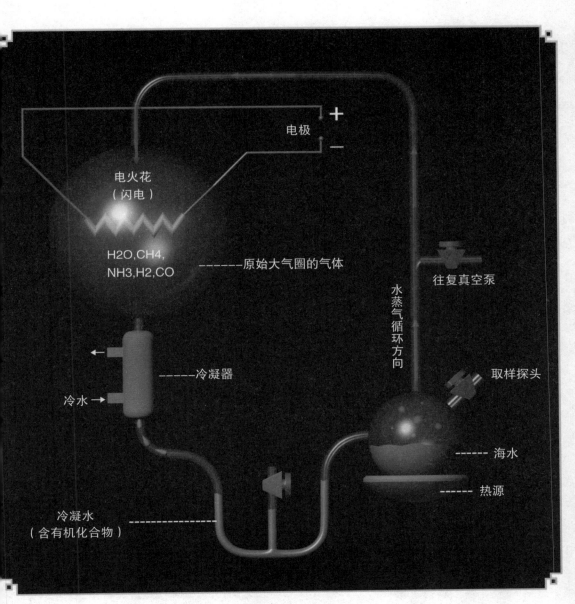

电极
+
−

电火花
（闪电）

H2O,CH4,
NH3,H2,CO

------原始大气圈的气体

水蒸气循环方向

往复真空泵

取样探头

------冷凝器

冷水 →

海水

热源

冷凝水
（含有机化合物）

米勒实验装置示意图

▋生命演化

　　从第一个生命诞生，到今天千姿百态的动物、植物遍布地球，生命不但在时间的流逝中延续着，而且不断演化，不断适应着地球上的环境。正是因为生命的繁衍和进化，地球才会呈现出如今生机勃勃的样子，才不会因为某一个体或种族的死亡，而让奇迹终结。

想象一下，如果我们在观察一个地外星球，发现它上面有各种生命可能存在的条件。比如有氧气、温度适中、水资源丰富等，上面也确实出现过生命。但是很可惜，这个生命无法生育后代，出现之后大约几个月或者几年就死亡了。科学家即使发现这样的星球，可能也不会发现生命的存在。因为它的存在转瞬即逝，昙花一现。

艺术家描绘的地球上曾经出现的一些生物的想象图　© Nobu Tamura

幻想中的地外生命 ②

在初步了解了生命的含义与生命的起源、演化等知识后，我们就要开始对地外生命进行探索了。但是在每个人的心里，也许都已经对地外生命有了一定的幻想：它们是长相奇特的怪物，还是和人类一样的外星人？它们非常好战还是非常友善？它们会不会比人类更聪明更先进？

从古至今，人类对地外生命的幻想从未停止。那么，在真正开始这段旅程之前，让我们先来看看古人的幻想，以及现代科幻作品中的大胆想象吧！

1967年苏联发行的16戈比邮票，绘制的是一个想象中外星文明发射的卫星。

古代传说、想象

对于古人来讲，他们很自然地就会把一些无法解释的现象归结于外星文明，或者至少认为是非人类所为，甚至有一些文明中，会认为人类的起源都是未知的外星文明所为。

1561年德国纽伦堡上空出现了不明现象。有记录说是不明飞行物，现代科学家将其解释为北极光或幻日现象

古埃及

古代埃及留下了许多令人惊叹的文明遗产，比如象形文字、金字塔、狮身人面像、木乃伊等。其中，许多神秘之处直到现在仍然没有科学的解释。有人将它们与外星人或外星文明联系在一起。因为在现代人看来，当时的人类不可能掌握如此先进的技术。但是事实真的是这样吗？

古埃及石板上刻画的各种奇异生物和古代人物图像

古埃及的阿布辛贝神
庙，又名拉美西斯二世
神庙
© Steve F-E-Cameron

古埃及金字塔。关于金字塔有
很多传说，比如它的尺寸、它
的造型设计，都让人怀疑金字
塔是否真的是古代埃及人所造
© Ricardo Liberato

■三星堆文明

　　1929年春天，四川农民无意发现了一坑精美玉器，从此三星堆文明被世人所知，并一直牵动人心。许多人认为，它比兵马俑还要神奇，它身上有着鲜为人知的秘密。更重要的是，它让人产生怀疑，这真的是中国古人所创造的吗？当时的人们，能够做出如此精美、技术含量如此高的器具吗？于是三星堆文明源于外星人的说法，从此流传开来。

　　三星堆遗址中，出土了大量的青铜面具、动物造型和人像。其中，人像造型看上去与古代中国人，甚至是地球人都不太像。他们的眼睛很大，呈三角形，耳朵很长，嘴非常宽，下巴方而短。乍一看，真如外星人一般。

科学研究认为，三星堆出土的青铜器大部分不是日常用品，而是祭司器具。青铜的人像和一些器具上的符号、图案，与地球上的其他古代文明，如玛雅文明、古埃及文明有相似之处。这些文明都位于地球北纬三十度附近。

火星人的热潮

从19世纪80年代开始，出现了大量关于火星人的科幻作品。因为在人类能将航天器发射到火星之前，人们对火星的印象都来自一些天文学家通过肉眼观察，或通过望远镜观察得来的。其中，意大利天文学家乔凡尼·斯基亚帕雷利、卡米伊·弗拉马利翁、帕西瓦尔·罗威尔等对火星人的描述影响最大。

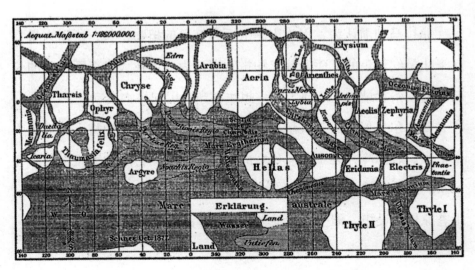

历史上乔凡尼·斯基亚帕雷利绘制的火星表面地图

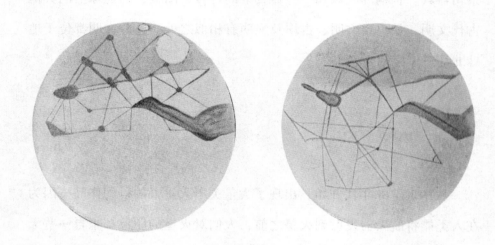

罗威尔根据观测结果绘制的火星表面"运河"示意图。这些图的绘制，让当时许多人认为，火星上有能开凿水道的高级生物

　　弗拉马利翁认为，因为火星上面有红色的植物生长，所以火星看起来才是红颜色的。而斯基亚帕雷利则认为，他在火星表面看到的长而细的线条状结构是运河。这一想法在当时引起极大轰动。

　　罗威尔扩展了关于火星运河的概念，并在他的书中将火星描述为一个干燥、冰冷并逐步走向死亡的世界。他推测古老的火星文明修建了水利工程，以拯救他们正在衰亡的星球。这极具想象力又充满着末世苍凉感的设想，催生了大量火星科幻作品的诞生。

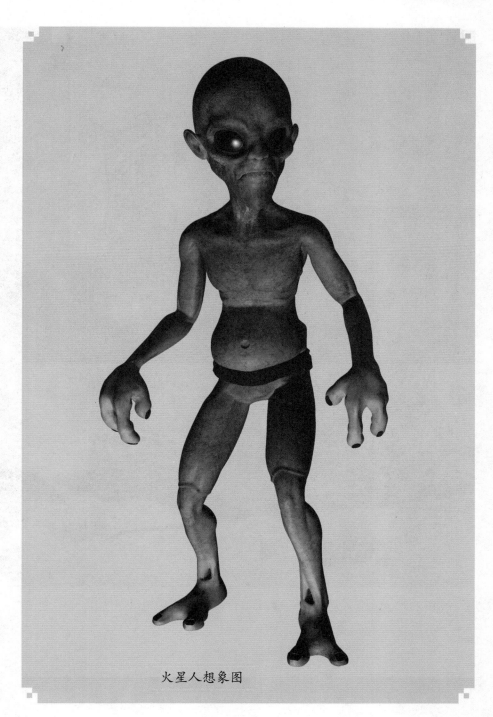

火星人想象图

小说中，威尔斯想象火星人只长着一个大大的脑袋，没有身体。脑袋下面是触须，智力高度发达。他们只食用人类或其他动物的鲜血，不睡觉也不会疲劳，平均寿命在150~200岁之间。他对于火星人的描述被许多后来的科幻作者所认同，几乎成了科幻小说中外星人的经典形象

《世界大战》

　　赫伯特·乔治·威尔斯写的科幻小说《世界大战》，在所有早期关于火星人的幻想作品中，有着一定的影响力和地位。这本小说也被称为《大战火星人》。小说主要讲述了一个火星人来到地球，攻击英国，甚至意图统治全世界的故事。一开始小说中的人类尝试与来到地球的火星人沟通，希望能和他们友好交流，然而他们很快发现，对方根本不想与地球人友好。最终，一场恶战不可避免。

《世界大战》的插图。它描述了人类战舰与火星人战斗的情景

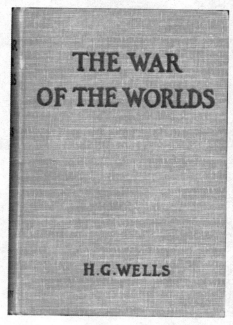

第一版《世界大战》小说的封面

因为火星人的科技异常先进，人类无法抗衡。城市一个个被摧毁，人类居无定所，被大量屠杀。充满戏剧性的是，残忍的火星人竟然感染了地球上的病菌，最终全部死去。地球人笑到了最后。

《世界大战》这部小说在几十年的时间里被多次改编。1938年，美国CBS广播公司将小说改编为广播剧，并将火星人登陆入侵的地点改成了美国。由于在播音过程中，广播剧播音员模仿了新闻主持人的风格，让很多听众误以为真有外星人入侵地球。这些人纷纷跑到街上逃亡躲避，在一些地方造成了恐慌。

直接根据这部小说改编的同名电影，有1953年版本和2005年斯皮尔伯格导演的版本。

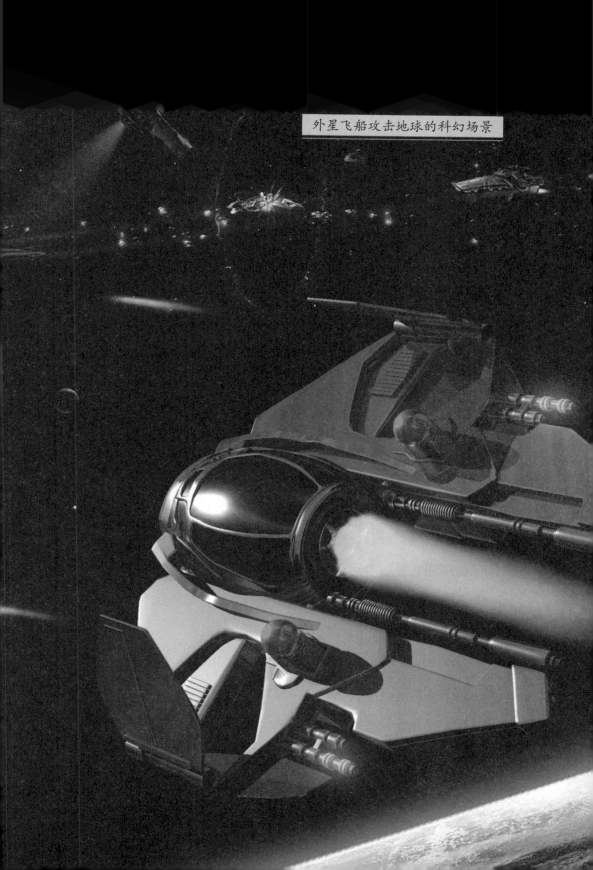

外星飞船攻击地球的科幻场景

■ 脉冲星和小绿人

自从现代天文望远镜出现以后，科学家不但可以看光学波段的信息，还能够接收来自宇宙其他波段的信息，比如射电信号。这些新式的观测方式让许多人期待能够尽快找到外星生命。

1967年11月28日，在剑桥大学跟随安东尼·休伊什学习的24岁研究生乔瑟琳·贝尔在检查射电望远镜接收到的信号时，发现了一些有着1.33秒周期间隔的信号。他们试图寻找这个短周期信号的科学解释，却发现当时几乎所有的天体目标都无法发射出这样的信号。当更换了观测望远镜之后，周期信号依然存在，证明不是望远镜自身的问题。

他们甚至推测，自己会不会找到了外星文明发出的信息？

贝尔在笔记中写道："我们不敢相信自己真的接收到了来自另一个文明的信号，但是显然这个念头曾经出现在我们的脑海里，并且我们无法证明它是一个完全天然的射电信号。一个有趣的问题是，如果一个人真的认为自己可能探测到了来自宇宙的地外生命，那么应该怎样将它公之于众呢？"

尽管如此，他们还是给这个信号起了个昵称，叫作LGM-1，意思是小绿人（Little Green Men）。这个发现一度勾起不少人的兴趣。据说，他们给这个信号起名为小绿人，是因为他们想象这些外星生命和植物一样是绿色的，能够进行光合作用。

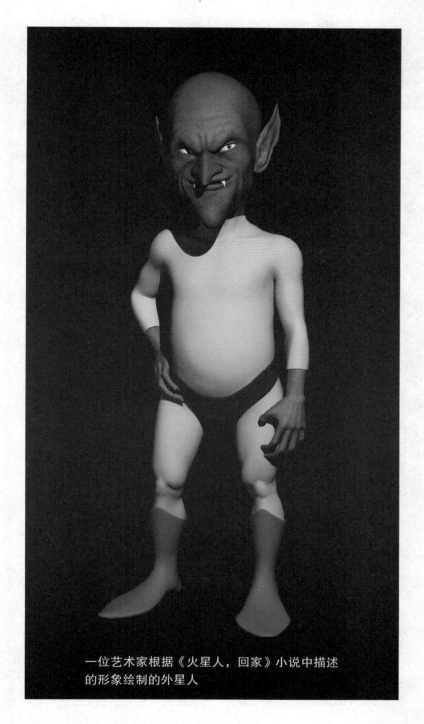

一位艺术家根据《火星人，回家》小说中描述
的形象绘制的外星人

一张由X射线和光学波段观测数据合成的
蟹状星云图片，可以清晰地看到脉冲星星
云周围的同步辐射　© Optical: NASA/
HST/ASU/J. Hester et al. X-Ray: NASA/
CXC/ASU/J. Hester et al.

事实上，小绿人是当时很流行的一种对外星生命的幻想。这类外星人通常被描述成有着绿色皮肤、头顶天线的小人形生物。上世纪五六十年代，有一些科幻小说和画册都描述过类似的外星生命。

当然，后来人们终于确定，这个周期信号并不是来自地外文明，而是一种名叫脉冲星的天体发出来的。天文学家陆续发现了很多其他的脉冲星。

■ 现代科幻中的幻想

随着时代的发展和科学技术的进步，人们的幻想在一步步向前推进。以外星人为题材的小说、影视作品层出不穷。

■《超时空接触》

1997年7月在美国上映的《超时空接触》，讲述了一个名叫艾洛维的女子与外星生命接触的故事。女主角爱好天文，从小与父亲一同探索宇宙，并且相信外星文明的存在。很多人并不理解她的执着，但是她从不在乎，仍然固执地坚持每天观测。终于有一天，她发现自己接收到了一个外星信号，并代表人类与外星人进行了接触。

这个故事本身并不复杂，虽然进行了幻想发挥，但是它有着许多科幻电影没有的现实基础。比如，女主角坚持分析信号的方式虽然被演绎得过于浪漫，然而她每天晚上观测的行为却与很多天文学家非

位于美国新墨西哥州的甚大天线阵　© Hajor

常相似。比如前面提到的发现脉冲星的乔瑟琳·贝尔，就是这样一位接收射电信号的天文研究员。而艾洛维的原型，更是两位射电天文学家。

影片中女主角工作的场所，是美国新墨西哥州的电望远镜阵。当时这一壮观又浪漫的画面，吸引了很多人的目光。

科幻电影

提起科幻电影、外星人电影、讲述宇宙和星际的电影，相信很多人都能说出一些名字。比如《星球大战》《星际迷航》《星际穿越》等。这些电影的流行，除了优秀的故事情节和出彩的视觉特效之外，还有一个重要原因，是它满足了我们对宇宙、对太空、对外星文明的好奇心。

就像著名天文学家、科学活动家卡尔·萨根所说："如果人类是宇宙中仅有的智慧生命，那实在是一种空间的浪费。"

天文学与生物学 ③

TIANWENXUE YU SHENGWUXUE

　　天文学有一个分支学科，叫作天体生物学。天体生物学是一个交叉学科，需要研究者具备天文学、古生物学、生态学等许多学科的知识。主要内容就是为了研究宇宙中的生命起源、演化和分布等。

　　学习天体生物学的科学家，会研究可能形成生命的行星是如何演化的，它的出现需要什么条件；会研究什么样的星球上可能有生命；他们还会对地球生物进行研究，比如它们如何进化，如何变异和繁衍，能适应什么温度、空气条件，它们生存的极限是什么。这是为了更好地推测，哪些地外星球上可能有生命……

　　那么到目前为止，天体生物学家都取得了哪些成果，有什么新发现呢？

地外可能存在的生命形式

之前我们讨论生命的起源和演化时，也许有人已经注意到，生命的形式是多种多样的。不仅人类这样复杂的智慧生物是生命，有一些只有一个细胞的单细胞生物，也是生命。

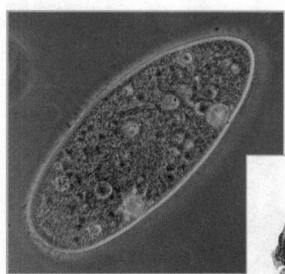

显微镜下的草履虫照片。草履虫是一种单细胞生物

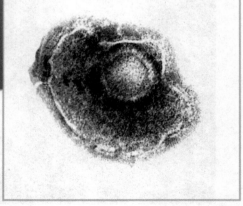

电子显微镜下的水痘病毒照片。病毒也被认为是一种生命

大西洋海底的热喷口。这里处于水底，压力大，温度极高，但是科学家却认为这里有可能是生命最初起源的地方

虽然对于普通人来讲，可能找到外星人，也就是与人类一样，有逻辑思维能力、有智慧的生命，才是真正值得兴奋的事情。

但是对于科学家而言，无论找到哪一种生命都是一个巨大的成功和进步。即使只是找到一些可能有生命存在的痕迹，比如液态水、有机化合物等，也是值得高兴的重大发现。因为他们知道，地球上丰富多样的生物，是由一个可能连肉眼都无法看到的单细胞生物演化而来的。

什么样的星球可能有地外生命

什么样的星球可能有生命存在呢？科学家根据研究提出了一些观点。

生命宜居带

目前的科学研究显示，生命更可能出现在位于宜居带的星球上。

太平洋海底一处极端环境下生存着一些巨管虫。它们旁边还有海葵和海杯。这里虽然环境恶劣，但是仍然有生命群落的存在　© NOAA Okeanos Explorer Program， Galapagos Rift Expedition 2011 公共版权

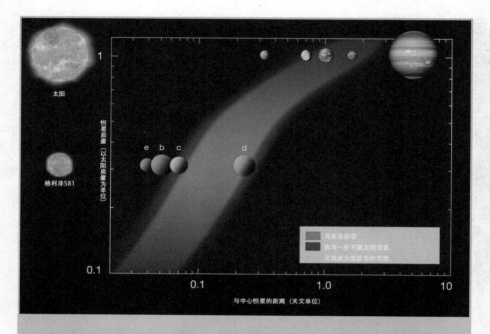

格利泽581是一颗距离地球大约20光年的红矮星，它是目前已知的距离地球比较近的太阳系外恒星系统。科学家研究这一系统中目前已知的几颗星星，发现格利泽581d和格利泽581c可能位于它们恒星中的生命宜居带内。有科学家期待着它们上面可能存在生命。图中是太阳系中，位于宜居带内的行星与格利泽581恒星系统内的宜居带行星的对比。可以看到，我们的地球正是处于太阳系内的宜居带里　© ESO

绕恒星宜居带

　　绕恒星宜居带顾名思义，它是指这颗行星或者卫星在一定范围内围绕中心恒星转动的轨道。在这一范围内，星球上的大气压力可能导致存在液态水。而液态水是生命存在的重要条件之一。

　　简单地说，就是这颗行星或卫星距离中心恒星的距离既不太远，也不太近。这样它上面可能存在液态水，温度适中，生命更容易形成和存活。

目前，科学家可以通过观察一颗恒星的亮度，判断出它周围的宜居带范围。接下来，只要观测到这一范围内的星球，就能确定找到位于宜居带内可能有生命形成条件的地外星球。

在所有开普勒望远镜发现的1000颗系外行星中，有8颗行星的体积略小于地球体积的2倍，并且它们位于恒星系统内的生命宜居带里。而所有绕着它们旋转的恒星，都比我们的太阳要小，温度要低。

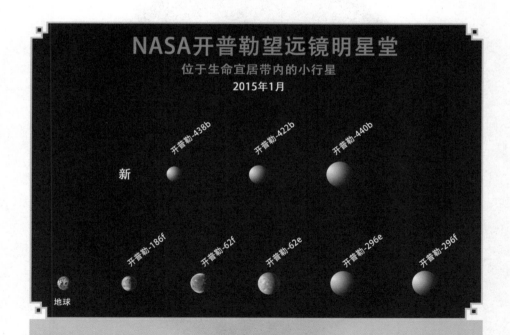

2015年1月6日，NASA宣布，开普勒太空望远镜发现了第1000颗地外行星，并且发现了更多位于太阳系外生命宜居带内的星球。 © NASA Ames/W Stenzel

银河系生命宜居带

有一些科学家，比如冈萨雷斯，根据绕恒星宜居带的概念提出，在银河系中也应该有一个类似的区域，更适合生命形成。它被称为银河系生命宜居带。在这个范围内的行星，有适当的质量。在这个质量范围内的行星更可能存在大气层、液态水等适宜生命存在的条件。

银河系生命宜居带通常被认为是距离银心4000~10000秒差距的范围内。换算成光年大约是1.3万~3万（图片上的绿色区域）。注意太阳所在的位置正是这个范围 © NASA/Caltech

■ 其他条件

　　生命宜居带的概念虽然比较宽泛，不可能完全保证在这个范围内就能找到生命。但是这一概念的提出就仿佛一盏明灯，为科学家指明了前进的方向。对于寻找地外生命而言，生命宜居带具有极强的导向作用。

　　除此之外，因为生命的复杂和神奇，还需要附加更多条件。比如，行星上最好有一定数量的重元素；行星存在的时间足够长，可以让生命形成之后有足够的时间演化繁殖；它还需要远离超新星这样的危险恒星，因为超新星爆发会给它周围的宇宙空间造成非常大的影响，释放出可能扼杀生命的高能射线；最后，生命的形成也许还需要一点点运气。

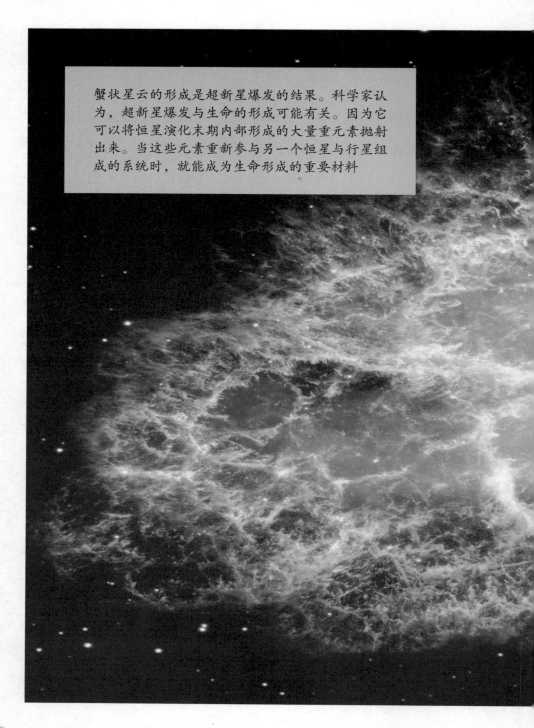

蟹状星云的形成是超新星爆发的结果。科学家认为，超新星爆发与生命的形成可能有关。因为它可以将恒星演化末期内部形成的大量重元素抛射出来。当这些元素重新参与另一个恒星与行星组成的系统时，就能成为生命形成的重要材料

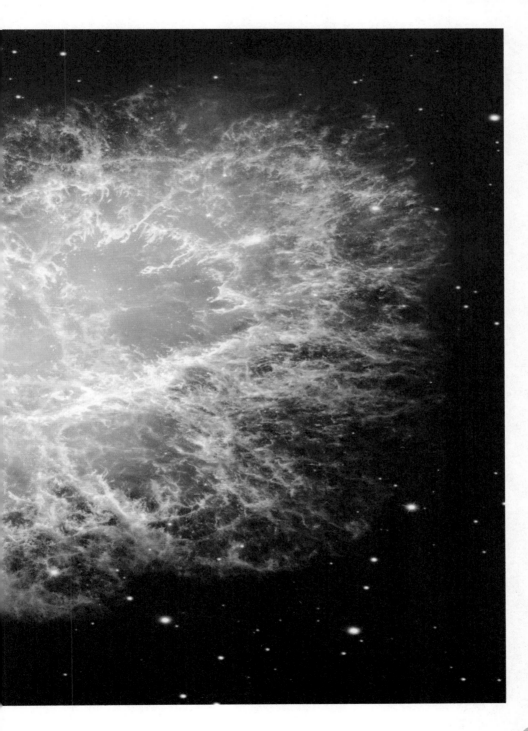

存在地外生命的概率——德雷克公式

在探讨地外生命的话题时，一个著名的公式经常被提到，那就是德雷克公式。这个公式是1961年加州大学圣克鲁兹分校的天文学家弗兰克·德雷克提出的。它可以用来估算银河系内可能存在的活跃的、有交流能力的地外文明数量。

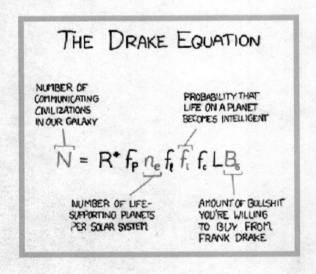

这个公式非常有趣，由七个因数组成：

第一个因数，R*，代表我们星系中恒星形成的平均速度。

第二个因数，fp，是所有这些恒星中，可能存在行星围绕它们转动的概率。

第三个因数，ne，表达的是在所有有行星围绕的恒星系中，可能有多少行星上存在形成生命的条件。也就是说，这些星球支持生命的存在。

第四个因数，fl，讲述的是所有这些有条件的星球上，真的出现生命的概率。

第五个因数，fi，进一步表示所有出现生命的星球上，演化出智慧生命、出现类似地球上人类所创造的文明的概率。

第六个因数，fc，是这些文明发展到一定阶段，可以向宇宙发出信号，宣告它们的存在。

最后一个因数，L，是这些文明能够持续发射可探测信号的时间。也就是说，它们从发出信号到灭亡消失的时间。

将所有这些因数相乘，就得到一个结果，这个结果就是科学家德雷克认为的可能存在并有机会被我们找到的地外文明数量。

欧洲南方天文台制作的银河系360度全景图片。这张图片包含了整个天球的所有天体　© ESO/S. Brunier

这个数量大约是多少呢？答案是，根据每个因数取值不同，结果不同。

在刚提出公式的时候，德雷克进行了比较大胆的取值之后，得到银河系中最多可能存在5000万个地外文明。想想看，这是一个多么惊人的数字！仅仅在我们的银河系——这样一个宇宙中并不算特别的星系里，就可能有5000万个地外文明正在散发着信号，和我们一样，试图联系彼此。

参数的取值是很有技巧的。有人进行了最悲观的取值，比如将其中最后一个因数L，也就是文明存在的时间，从德雷克认为的1000年到最多1亿年，调整为平均304年，最终得到的结果也十分令人悲观：根据结果，我们可能是银河系中唯一的智慧文明了！

之后随着一些科学家的加入和建议，综合目前的天文观测与发现，重新调整了所有参数。并且得到一个比较适中的结果：3640万个。这一结果引起不少人的关注，也直接为一项寻找外星人的计划募集到了资金。这项计划就是著名的SETI，即地外生命搜寻。而它的衍生项目，SETI@home让许多爱好者有机会参与到分析数据、寻找外星生命的活动中，更令人印象深刻。

如何寻找地外生命

也许宇宙中存在着一些生命文明，它们和人类一样有智慧，有一定的文明程度，发现了与我们类似的通信方式，并向外界发出信号。

位于乌克兰的耶夫帕托利亚RT-70射电望远镜，它于1999年、2001年、2003年、2008年都向外星发送了信息　© S. Korotkiy

甚至有一些可以进行星际旅行。

对这类文明，探索是双向的。我们只需要持续向外发射信号，并努力寻找宇宙中的类似信号就可以了。而对于那些并没有形成文明、无法发射宇宙信号的生命，或者是像植物这样的非智慧生命，甚至是像细菌这种极其微小，肉眼都无法看到的生命，科学家想要找到它们就不得不费一番脑筋了。

向外星发射信号

人类已经向太空中发射了许多信号，其中有一部分是有针对性的。科学家在发出信号时，就希望能有外星智慧生命收到这些信号，并且能给我们回应。

阿雷西博信息

1974年，人类第一次发出了给外星文明的信息。它的长度只有1679比特，这个数字本身，包含着一定的数学意义。但是如果把这一次的传输信

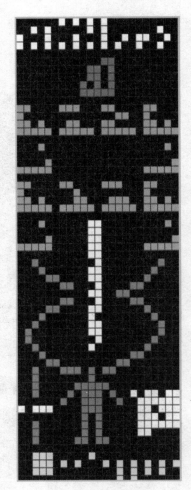

阿雷西博信息着色演示。真正发送的信息中并不包含颜色 © Arne Nordmann

号以23乘以73的网格，以二进制显示，就会看到一幅图像。这幅图像中包含了人类使用的数字、DNA元素、核苷酸、双螺旋结构、人类、望远镜等信息。这条信息的目标是球状星团M13，距离地球大约2.5万光年。所以，它要到达目的地，也要在2万年后了。

宇宙呼叫

1999年和2003年，天文学家通过望远镜向宇宙空间发出了一系列信息，希望引导外星人发现人类的存在。这些信息中，包含加拿大科学家伊万·达蒂尔和斯蒂芬妮·杜马斯发明的"达蒂尔–杜马斯信息"，主要包含一些科学及数学原理，也包括之前的阿雷西博信息等。这些信息都被发往附近的一些星球，预计在2036年至2067年之间到达目的地。

来自地球的一条信息

2008年10月9日，一条高能数字射电信号向格利泽581c行星发射。这颗行星围绕着红矮星格利泽581转动，类似一颗类地行星。虽然它相对于其他信号发射的时间较晚，但是根据天文学家的估计，它将在2029年到达目标行星。到那时，如果这颗星球上有智慧生命的存在，就会收到我们的信息，说不定还会回复！

格利泽581c行星与地球、海王星的大小对比。从左至右依次为地球、格利泽581c、海王星　© Aldaron，a.k.a. Aldaron

其他项目及未来

虽然到目前为止，我们发出的信号没有得到任何回应，但是仍然陆续有科学项目组决定向宇宙继续发送信息。虽然这种行为存在争议。

地球名片——将人类文明的信息送入太空！

除了从地面发射信号，科学家还发射了一些人类信息进入宇宙空间。

■先驱者10号、11号

1972年3月，美国空间探测器先驱者10号发射升空。它的任务是探索当时从未被探索过的星球——木星。这艘探测器成为第一个达到太阳系逃逸速度的人造物体，也就是说，理论上它已经可以脱离太阳系的引力，飞向更远的宇宙空间。

先驱者11号在1974年发射升空，目的是研究太阳系中的小行星带。根据天文学家卡尔·萨根的遗志，先驱者10号和11号各自携带了一个15.2cmX22.9cm的镀金铝板。铝板上有裸体的人类男性和女性图像，以及一些经过设计的标志符号。如果有外星智慧生命发现了这艘飞船，就有可能获得这些信息，进而与我们交流。

先驱者10号接近木星时的图片

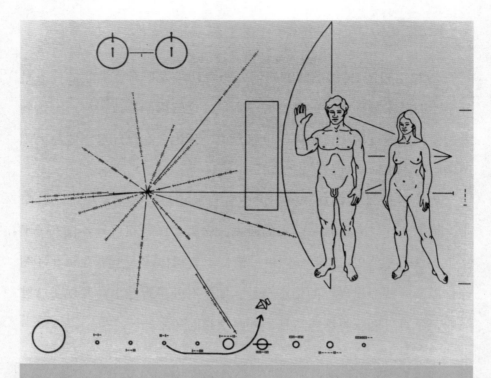

先驱者10号镀金铝板上刻画的内容，包括人类的样子、飞船来自太阳系等信息 © Designed by Carl Sagan and Frank Drake. Artwork prepared by Linda Salzman Sagan. Photograph by NASA Ames Resarch Center（NASA−ARC）

■ 旅行者1号、2号

　　1977年9月5日，美国航空航天局的旅行者1号飞行器发射升空，其目的是研究外太阳系。它一直不断地向太阳系外飞行，直到今日，将近四十年过去了，它已经飞到了距离地球将近二十亿千米远的地方。令人惊喜的是，它仍然在正常工作，可以穿越半个太阳系接收来自地球的指令，传回数据信息。

先驱者10号发射时的景象

卡尔·萨根

　　卡尔·萨根出生于1934年11月9日，是美国著名的天文学家、宇宙学家、天体物理学家和天文生物学家。他还是著名科普作家。他以研究地外生命而闻名。他创作了十分畅销的科幻小说《超时空接触》，设计了先驱者10号携带的镀金铝板上的内容，还设计了旅行者1号携带的"金唱片"的内容。他的设计能够保证外星智慧生命发现他们时，可以获得关于人类和人类文明的信息。

卡尔·萨根曾被授予
"NASA杰出公共服务
奖章"。　©NASA

　　而作为旅行者计划的第二艘飞船，旅行者2号其实比1号飞船发射还要早一些。它于1977年8月20日升空，与旅行者1号走的路线略有不同，它到达土星、木星的时间也晚于旅行者1号。

　　这两艘飞船令人瞩目的地方很多。比如，旅行者1号是目前距离地球最远的飞行器，它们传回了大量外太阳系数据，可以让科学家研究太阳系边界的太空，甚至它们每一次传来的消息也能引起社会大众的关注和讨论。尤其值得注意的是，在两个飞行器上，分别有一张内容相同的"金唱片"。

　　虽然叫金唱片，但是它其实并不是金子做成的，而是铜质表面镀金。这让它可以经历时光的洗礼，即使在几亿年后音质仍然不变。而唱片里包含了几十种人类各种语言录制的问候语、音乐，有一百多幅

旅行者1号上携带的"金唱片"，里面包含了地球上的历史以及各民族文化的信息。包括声音、影像、知识等。唱片上的英文标题是：来自地球的声音　©NASA

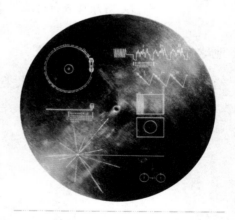

金唱片的封面设计用来保护金唱片，同时也为可能发现金唱片的外星文明提供线索，告诉他们如何播放这张唱片　©NASA

金唱片在旅行者飞行器上的位置 ©NASA

地球上的影像、太阳系行星图片、人类自己的照片等。它的用途，是给可能发现唱片的外星人提供人类文明的线索。它是人类向外星人送去的问候。

接收外星信息

　　除了发送信号之外，科学家们更多地在聆听来自宇宙中的声音。这种"声音"并不是仅仅是声音本身，还包含着各种可能看到、听到，甚至既看不到也听不到的信号。

■ SETI@home——在家搜索地外智能生物

　　在家搜索地外智能生物计划，是一项由美国加州大学伯克利分校的科学家们主持发起的项目。它将阿雷西博射电望远镜接收到的外太空信号收集起来，分割成较小的数据包，分发给志愿参加项目

SETI@home的图标　　© logo

SETI@home客户端软件的屏幕保护截图

的所有人。志愿者们大部分是天文爱好者，他们可以从项目网站上下载客户端，接收数据包，并使用自己的电脑利用空闲时间分析这些数据。

截至目前，这一项目并没有发现任何可靠的来自外星智慧生命的信号。但是它发现了一些备选的可疑方向。来自这些方向的信号目前无法用来解释，需要进一步分析。

搜寻非智慧生命

虽然包括科学家在内，很多人都坚信外星生命的存在。但是从人类发现无线电信号，并对宇宙空间进行探索，到今天为止，我们仍然没有任何地外文明的消息。也许不是因为不存在其他文明，不是因为它们的数量较少，而是因为宇宙太大，我们的搜索时间太短。

如果找不到地外文明，那么我们能不能找到外星生命呢？比如外星球上的飞鸟、蜥蜴、猫、狗，或者是植物、昆虫、很小很小的微生物等。也许它们的智慧程度很低，不能接收也不能发射信号。对于这样的生命，我们该如何探寻呢？

我们可以拍照看看是不是有生命的存在，还可以分析土壤或空气的样本。如果确定没有生命，科学家会退而求其次，分析这些星球的环境条件，比如温度、湿度、阳光、液态水、空气等，看是否适合生命存在——当然这些环境的标准，都是参考地球上所发现的生物的生存环境和习性特征制定的。

比如，科学家认为液态水是生命存在所必需的。所以如果能在一些星球上发现液态水存在的证据，就会让所有人感到非常振奋。

登陆其他星球

对于距离地球很近的星球，比如月球、火星等，也许人类可以真正登陆它们的表面，或者派飞行器上去，看看那里到底有什么。

登陆火星表面的火星探测漫游者机遇号，获得了一些火星土壤并进行分析。此图就是它的显微成像仪拍摄的土壤放大照片 © NASA/ JPL/Cornell/US Geological Survey

火星上有水的记录

| 4.0 | 3.8 | 3.5 |

比如人类在登陆月球之前，曾经幻想上面住着外星人，也遥看着我们的地球。但是阿波罗登月之后，才彻底打破了人们的幻想。月球是荒凉的，没有空气，没有液态水，并不适合生命的存在。尽管如此，科学家仍然采集了许多月球的土壤样本，通过分析成分，来判断月球是否曾经有过生命，或者有顽强的、我们肉眼看不到的生命存在。

这是尼尔·阿姆斯特朗在阿波罗11号的任务中，成功登陆月球时的照片。人类登陆月球之后，亲眼见证了这颗地球的卫星上如此荒凉的情景。它没有人类赖以生存的空气和水，表面温度变化剧烈，不适宜生命的存在 　©NASA

2.0   1.0   现在

艺术家根据科学家的假设，绘制了火星
表面水资源随着时间推移变化的想象图

阿波罗11号登月模组驾驶
员巴兹·奥尔德林在月球
上留下的脚印

阿波罗17号任务中收集到的月球土壤样本。科学家通过研究这些样本，不但可以分析土壤中是否存在生命，还能鉴定它的化学成分，判断它是否可能孕育生命，或者是否与地球有相似之处。 © Wknight94

飞行器飞掠观察

对于一些距离地球较远、表面情况比较复杂的星球，比如海王星、冥王星，科学家会让航天飞行器飞到它的附近拍摄照片。这些飞行器上携带着很多分析仪器，可以在距离星球较近的地方，分析星球的外层大气，观察星球，判断上面是否有生命存在的条件。

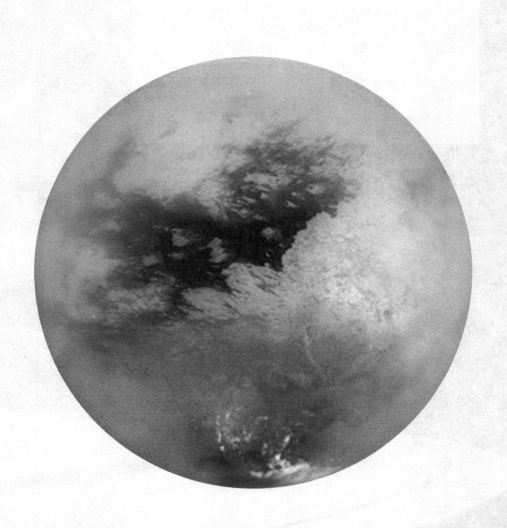

2004年，卡西尼号飞掠土星的卫星—土卫六泰坦时，拍摄了在大
气层之下这颗星球的照片。照片上仍然能看到一部分星云
© NASA/JPL/Space Science Institute

于1997年10月发射升空的卡西尼·惠更斯号航天器，是一艘无人驾驶的航天器。它的目标是土星。在飞往土星的路上，它路过金星，1998年4月和1999年6月两次在重力的帮助下接近金星。之后它还陆续飞掠了月球、小行星、木星等星球并最终到达了土星轨道。它拍摄了大量的土星及其卫星的照片 ⓒNASA

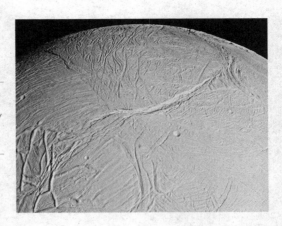

卡西尼号飞掠土卫二恩克拉多斯时拍摄的照片　© NASA/JPL/Space Science Institute

艺术家绘制的新地平线号航天器飞掠冥王星时的想象图。新地平线号探测器是NASA发射的，目的是研究冥王星和它的卫星以及柯伊伯带。它是NASA的新前沿计划的一部分。新地平线号在飞往冥王星的过程中飞掠了月球、小行星132524 APL、木星等，并最终到达冥王星的附近　© NASA

新地平线号搭载的拉尔夫望远镜，于2007年2月拍摄了木星的红外图像　© NASA/Johns Hopkins University Applied Physics Laboratory/Southwest Research Institute

寻找地外行星系统

科学家根据地球生命存活的条件，提出了宜居带的概念。这个概念不仅仅适用于太阳系内的行星，还能帮助科学家判断太阳系外的行星是否可能孕育生命。

因为行星是不发光的，相对恒星也比较小，所以太阳系以外的行星非常不容易看到。然而随着天文观测设备的不断进步和科学方法的创新，天文学家还是找到了上千个地外行星。这些系统中也类似于太阳系，有一颗或几颗行星绕着中心恒星转动。其中有一些行星，经过科学家判断，是位于宜居带中的。

这些星球有的距离地球几十光年，有的更加遥远，目前人类的飞行器还无法到达。那么我们是如何发现它们的呢？又是怎么知道它们的上面会不会有生命呢？

■ 强大的望远镜

早在1990年升空的哈勃空间望远镜，就已经发现了一颗太阳系以外的行星。之后美国、法国、英国、澳大利亚、智利、加拿大以及欧洲航空航天局都曾经发射了太空望远镜，或者是发起相关行动，搜寻太阳系以外的行星。这些计划的理论支持不断完善，技术手段不断提高，使得系外行星的发现数量也逐年增加。

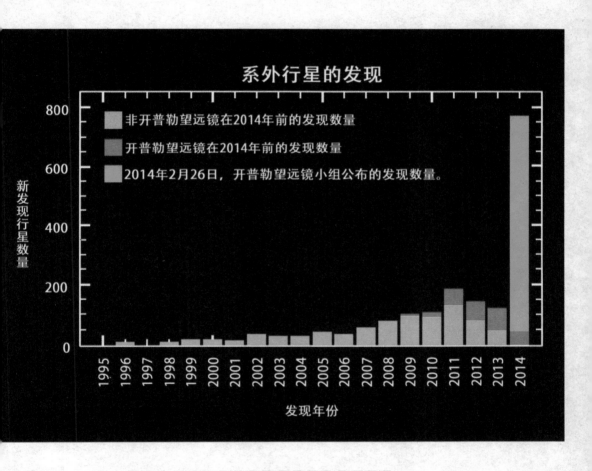

图为系外行星发现的数量。可以看出随着技术水平的提高，系外行星的发现速度在不断提高 ⓒ NASA Ames/SETI/J Rowe

艺术家绘制的想象图，主要反映了我们的银河系中，可能非常广泛地存在大量的地外行星系统 ©ESO/M. Kornmesser

■ 科学方法

想要有任何天文发现，仅仅有强大的望远镜是不够的。科学家持之以恒的研究，发明出更多实用的科学方法，也是非常必要的。

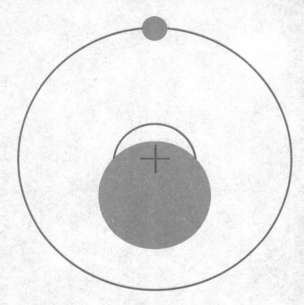

一个两颗星围绕共同质量中心转动的示意图。如果大球是恒星，小球是行星的话，那么就可以发现，恒星被行星的质量影响，并不是稳定地位于系统中心，而是绕着一个点在转动。这样的转动表现在观测上，就会使它在天空中的位置发生周期性的变化。　　© Zhatt

■ 天体测量法

天体测量法是一个比较古老的方法。它主要是观察遥远恒星在天空中的位置变化，如果它有十分微小的轨道偏离，并且呈现周期性，就可以计算出它的周围是否有行星，甚至能知道此行星的大小。这是因为行星与恒星之间的引力作用影响了它的轨道运动。

　　但是这种方法有一个弊端，由于一般情况下，行星相对恒星而言非常小，对它的引力影响也很小。从地球观察那么遥远的变化，很容易出现错误。历史上，曾有十多个科学家或团队声称他们用天体测量法找到了系外行星系统。但是最后证明，他们的结论都是错误的。

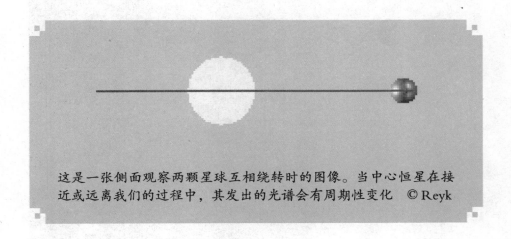

这是一张侧面观察两颗星球互相绕转时的图像。当中心恒星在接近或远离我们的过程中，其发出的光谱会有周期性变化　　©Reyk

■ 视向速度法

　　视向速度法是根据多普勒效应，观察恒星光谱在转动过程中发生的谱线周期性变动。这种方法与天体测量法相似，也利用了恒星与行星相互绕转的现象。

　　虽然和天体测量法一样，观测恒星光谱的这种变化也很不容易发现，但是由于现代技术的发展，光谱仪的敏感度已经非常高，也能用这种方法发现系外行星。

卡西尼号探测器拍摄的木卫一遮挡了木星表面一部分的图像
© NASA/JPL/University of Arizona

■ 掩星法

掩星法也称凌日法。它是一种天文现象，从观察者的角度看，一颗星球运动到另一颗星球前，遮挡了它的一部分。

这种天文现象如何能帮助我们发现系外行星系统呢？

假设从我们地球的角度看，这个恒星的前面经过了一颗行星，那

艺术家模拟一个系外行星系统中，行星经过恒星表面
遮挡了恒星的一部分　© Silver Spoon

么这颗行星看上去就会略微暗淡一些。科学家正是使用这种方法，配合先进的天文望远镜，发现了许许多多的系外行星。

目前还没有发现外星生命

很可惜，虽然科学家已经非常努力，但是到目前为止，仍然没有找到任何外星生命。甚至连可能有生命存在的条件，比如液态水、氧气等都没有发现。但是，这并不妨碍他们的信心与期盼。宇宙如此之大，也许就像德雷克公式所描述的那样，有数不清的星球上存在生命，其中还可能存在有智慧的生命呢！

探寻地外生命

TANXUN DIWAI SHENGMING

④

太阳系行星探索

在太阳系内，除了地球之外，还有一些行星或行星的卫星处于宜居带内。科学家们经过一系列的观察研究后认为，这些星球上虽然目前还没有发现生命，但是可能有生命存在的条件。

艺术家描绘的40亿年前火星假想图。那时候火星还很年轻，有足够覆盖整个星球表面的液态水。这些液态水形成的海洋最深处，可能有1.6千米 © ESO/M. Kornmesser

■ 火星

早期天文学家用望远镜观察火星，发现并记录它的表面特征，引发了火星人幻想热潮。然而随着科学技术的进步，当人类将越来越多的探测器送到火星附近，甚至登陆火星之后，才发现当时的想象仅仅是幻想——火星上并没有火星人，甚至连最简单的生命形式也没有。而且现在的火星环境非常恶劣，大部分地球上的生命可能都无法适应火星的生存环境。

但是，有科学家认为，如果太阳系中除了地球以外，还有其他星球存在或曾经存在生命，那么这个星球应该是火星。它与地球内部结构相似，表面环境很像早期地球。因为火星表面没有液态水的存在，有大量紫外线和宇宙射线，它们都对生命有害。所以即使有生命，也可能是几亿年，甚至几十亿年前的事情了。

■ 早期观测

在人类还没有将探测器送到天空中，还不能近距离观察火星之前，好奇的天文学家就已经开始用望远镜观测火星了。

在17世纪中叶，人们就发现火星极地可能存在冰盖。18世纪时，天文学家进一步发现这些冰盖的大小随着火星上的气候变化而变化。后来，更多关于火星的事实被我们知晓。比如，火星可能与地球相似，火星上的一天与地球上的一天差不多长。甚至还知道了火星上也有地球上类似的四季变化。所有这些事实，都不禁引人遐想——火星上，是不是也有与我们地球一样的生命？

哈勃太空望远镜2003年拍摄的火星照片　© NASA，ESA，and The Hubble Heritage Team（STScI/AURA）

火星2号

上世纪70年代，苏联火星探测项目中发射了一个无人探测器——火星2号。它于1971年5月19日升空，并成为第一个到达火星表面的人造物体。虽然计划中，火星2号中的一个登陆器应该登陆火星，但是可能因为登陆角度过于陡峭，致使其最终坠毁。

但是火星2号的一部分环绕火星轨道运行，并从1971年12月到1972年3月间，一直传回了大量关于火星的数据。火星2号和它的兄弟飞行器火星3号一共传回60张图片。它们传回的数据中，说明火星高

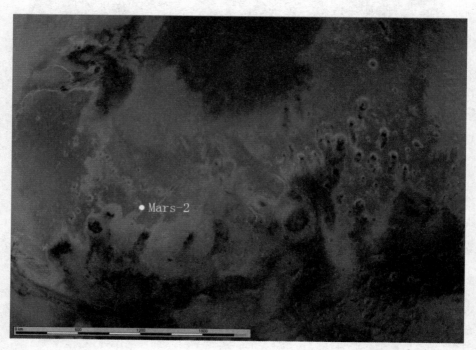

白点标示部分，显示了Mars-2在火星上的位置

博物馆陈列的火星2号和火星3号登陆器模型

层大气里有氢气和氧气的存在，表面温度在-110℃~13℃之间。这些数据对科学家研究火星表面是否可能有生命存在非常重要。同时，它们也让人类更加了解这个近邻行星，打破了许多人之前的幻想。

水手4号

1964年，美国将水手4号探测器发射升空。它飞掠火星，并在距离火星表面1万千米处拍摄了21幅照片。它传回了人类飞行器拍摄的第一张火星表面的照片。在此之前，人类只能通过肉眼或望远镜遥看火星，并幻想着火星表面的样子。

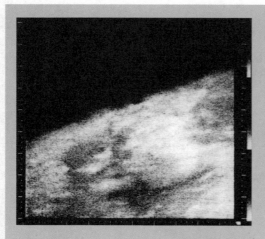

水手4号拍摄的火星表面的近景数字照片。这张照片的分辨率大约为5千米，意思是从照片上可以分辨出火星表面相距5千米的两个物体 © NASA

水手4号拍摄的火星表面陨石坑的近照。
© NASA

经过数据处理并上色的火星表面照片。照片由水手4号拍摄 © NASA/JPL/Dan Goods

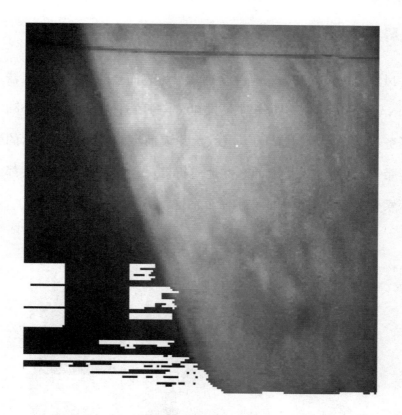

由水手4号拍摄的第一幅火星表面的数字照片
© Piotr A. Masek

　　然而，水手4号传回的照片出人意料。因为当时受到最先观察火星的天文学家的影响，许多人以为火星表面可能存在着一些生命。他们和我们人类相似，在星球表面修建一些工程。但是，真实的照片却显示，火星表面一片荒凉，不但没有智慧生命，甚至连一点生物存在的痕迹都没有。

■ 凤凰号探测器

凤凰号火星探测器，是一个前往火星表面登陆的机械航天器。它属于NASA的火星侦察兵计划，于2008年5月25日在火星表面登陆。这个任务有两个主要目标：1. 寻找火星表面可能供微生物存活的生命宜居带；2. 研究火星上的水文地质历史。这两个目标，其实都围绕着探索火星表面是否可能有生命存在这一主题。

凤凰号登陆器在火星表面挖掘之后形成的坑内拍照。这两幅图片分别拍摄于任务的第21天和第25天。可以看到坑中的白色物质在几天的时间内发生了变化（注意每张图片的左下角）。科学家认为这种现象类似于水的蒸发现象 © NASA/JPL

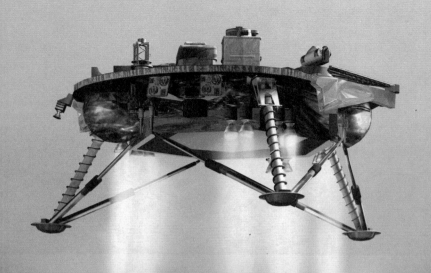

描述了凤凰号探测器在火星表面降落的情景 © NASA/JPL/Corby Waste

凤凰号登陆器2008年拍摄的火星表面全景图　© NASA/JPL-Caltech/
University of Arizona/Texas A&M University

凤凰号有一个2.5米长的机械臂，可以挖掘火星表面的浅层土壤。同时，凤凰号还携带有化学分析仪器，可以分析空气、土壤中的化学成分。它为科学家提供了大量的第一手数据资料。

科学家通过研究凤凰号传回的照片，发现火星表面有液态水曾经活动的痕迹。并且认为火星地下可能仍然存在液态水。

木星的卫星

木星是一颗气体行星，它没有如地球、火星一般可供行走的岩石表面，并且大气层成分并不利于生命的存在。大约在1960～1970年，

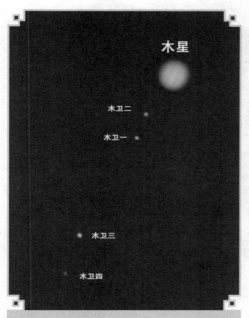

木星和它的四颗伽利略卫星。从距离木星最近到最远依次是木卫二、木卫一、木卫三、木卫四

© stewartde

天文学家卡尔·萨根和其他一些人用计算机进行模拟，认为木星上存在生命的可能性微乎其微。

然而随着天文学的发展，科学家意识到，一些木星的卫星有可能成为孕育生命的地方。

■ 木卫二欧罗巴

欧罗巴是距离木星第六近的卫星，也是它的四颗伽利略卫星中最小的一颗。但是这颗卫星是太阳系所有卫星中第六大的。1610年，伽利略用望远镜发现了这颗木星的卫星，之后人类对它的观测和了解越来越多。

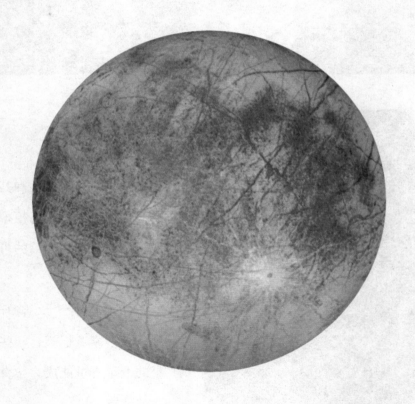

此照片是1996年由伽利略飞行器上的照相机拍摄的。它显示的是木星的卫星欧罗巴的半球图。从照片上可以看到这颗星球好像被平层覆盖着　©NASA/JPL/DLR

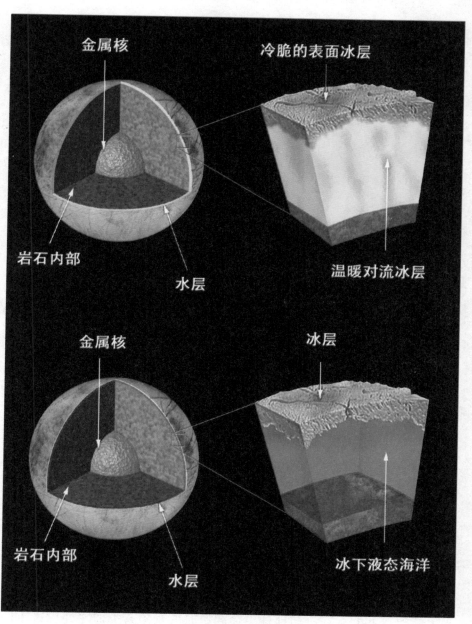

金属核

冷脆的表面冰层

岩石内部

水层

温暖对流冰层

金属核

冰层

岩石内部

水层

冰下液态海洋

欧罗巴星球两种可能出现的结构　© JPL

它上面有着稀薄的、主要由氧气组成的大气层。表面有硅酸盐岩石和冰层外壳。它的内部应该是一个铁镍核。这颗星球表面的平滑和年轻让科学家推测，它的地下可能存在一个海洋。这有可能是一个地外生命存在的地方。

2015年5月12日，科学家宣布在木卫二欧罗巴的地表下面，很可能存在一个盐洋。这或许对欧罗巴能否成为生命宜居星球非常重要。

■土星的卫星

土星是太阳系中另一个巨行星，也是一个气体星球。和木星一样，科学家认为这里不可能存在生命。土星也有许多卫星，其中一些卫星上甚至发现了液态水的痕迹。科学家对探测它们的环境了解它们上面是否有生命存在非常感兴趣。

■土卫二恩克拉多斯

土星的第六大卫星土卫二是1789年威廉·赫歇尔发现的。上世纪80年代，旅行者号行星际探测器经过这颗星球，拍摄了它的照片并传回地球，科学家才对它有了比较深入全面的了解。

根据卡西尼号的探测结果，科学家认为恩克拉多斯星球上可能存在液态水、能源、以液态氨的形式存在的氮元素，甚至还有一些有机分子，比如极少的甲烷、丙烷、乙炔等含碳分子。这些物质与液态水、能源等共同存在，与地球生命起源时的景象有类似之处。这让科学家更加相信，这颗星球也许存在微小的地外生物。

艺术家描绘的土星二的想象结构图。可以看到，图片上部星球表面喷出了
一些喷流，这有可能是该星球地表下存在水资源，并有地热活动的结果
© NASA/JPL－Caltech

1981年，旅行者2号探测器拍摄的土卫二
表层照片。　© NASA/JPL/USGS

■ 土卫六泰坦

土卫六泰坦是土星最大的卫星，它的大小比月球还大，半径约为地球的0.4倍。因为距离太阳比较远，所以它的表面温度比地球要低，大约是-179℃。

但是也有科学家认为，因为土卫六的表面有主要由氮气组成的大气层，还含有少量甲烷、乙烷等一些含碳的有机物，所以这个大气层可能导致星球表面存在温室效应，所以使得它表面的温度比预想中要高一些。尽管如此，它的表面温度还是远远低于地球表面的温度。由于温度太低，星球表面可能不存在液态水。

至少，人类无法在泰坦表面生存。然而有科学家认为，未来这颗星球的温度会升高。同时，它的地下也可能存在液态水资源。

土卫六的假色图。该图由卡西尼号探测器于
2005年4月16日拍摄 ©NASA

土卫六泰坦的假色图。照片是由卡西尼号
探测器在紫外波段和红外波段拍摄的　　©
NASA/JPL/Space Science Institute

寻找系外行星

除了太阳系内的行星之外，科学家们知道，宇宙中还有许多与它
们一样，但是围绕着其他恒星转动的天体。它们被称为系外行星。这
些星球很可能会有与地球类似的生命存在条件，进而存在生命，甚至
是外星文明。

但问题是，它们距离我们太远，而行星又不发光，很难被发现。
但是科学家并没有放弃探索。

开普勒太空望远镜

2009年5月7日，以著名文艺复兴时期的天文学家约翰尼斯·开普勒的名字命名的一个太空望远镜发射升空。它的主要任务，就是对我们银河系内的所有太阳系外行星进行一次普查。科学家希望它能找到更多位于生命宜居带内的系外行星。

开普勒望远镜只搭载了一个观测仪器，即光度计。科学家让它只朝某一个方向，不断观察这个方向，可能有行星围绕它转动的恒星光度。一旦恒星的光度发生了变化，科学家就可以研究数据，判断这种变化是不是因为有行星从它前面经过造成的，进而判断它有没有行星，这颗行星有多大。这就是我们之前提到过的掩星法。

艺术家绘制的开普勒太空望远镜想象图　© NASA/JPL–Caltech/Wendy Stenzel

这幅图显示了开普勒望远镜的观测范围。可以看到，左侧标注的TrES-2b是一个类似木星的行星。它围绕着它的恒星，每2.5天转动一周 © NASA/Ames/JPL-Caltech

图片是我们所在的银河系示意图，太阳位于图片中央，也就是我们所在的地方。而从太阳旁边发出的探照光芒，就是开普勒太空望远镜的观察范围。 © Painting by Jon Lomberg, Kepler mission diagram added by NASA.

艺术家描绘的开普勒望远镜观测太阳系外行星系统，寻找系外行星的想象图 © NASA Ames/ W Stenzel

HARPS光谱仪

  HARPS，即高准度视向速度行星搜寻者，是一个精确度非常高的设备。2002年，它被安装在欧洲南方天文台，位于智利的拉西拉天文台3.6米的天文望远镜上，用于寻找太阳系外行星。自从投入观测，它已经发现了130颗系外行星。

  HARPS 侦测最低径向速度可达到 3.5 km/h，其有效精确度是 30 cm/s，目前全世界只有 HARPS 和另一个仪器有如此的精确度。这要归功于它的设计是观测目标和一个以钍灯做为参考光谱同时观测时是使用两个各自独立的光纤，以及其极高的机械稳定性：仪器放置于一个真空的空间，并且温度变化控制在0.01°C以内。仪器的准确性和灵敏性是因为钍光谱最好的量测顺带产生的。行星的侦测有时候会受限于观测星体的震动，而非仪器。

  HARPS 的计划主持人是米歇尔·麦耶，他和戴狄尔·魁若兹、斯特凡·乌德里共同使用该仪器观察格利泽581，并发现了当时是质量最小的行星格利泽581e和两颗位于该行星适居带的超级地球。

  该系统最初是用来调查一千颗恒星。

左上角的图片，是拉西拉天文台3.6米望远镜的圆顶图。右上角是3.6米望远镜照片，下面是HARPS光谱仪的照片　© European Southern Observatory

欧洲南方天文台拉西拉天文台在星空下的照片。HARPS光谱仪就被安装在这个天文台的望远镜上面　© ESO/A. Santerne

更多相关的科学计划

达尔文计划

欧洲空间局的达尔文计划，将发射4~9个特别为寻找系外行星设计的航天器。它要探测的目标不是液态水，也不是系外行星的大小和质量，而是它们上面的化学元素。要做到这一点，科学家必须能收集到来自这个系外行星的足够信息。所以，科学家们需要一个非常强大的望远镜，甚至将几个望远镜组合到一起来进行观测。

达尔文计划中一个望远镜的示意图 ©ESA/Medialab

根据设计，达尔文计划会发射至少4个望远镜。其中3个收集到遥远目标的星光之后，会反射到另一个主望远镜上去。所有望远镜收集到的光芒相叠加，会比单一的望远镜观测更加清晰。

■类地行星发现者计划

早在2002年，NASA就为了研究系外行星系统选择了两个独立的设计思路。它们虽然设计不同，但是却有着相同的目的，那就是试图遮挡来自系外行星系统中恒星的光芒，让人类能更清晰地看到暗淡微小的行星。它们就是NASA的类地行星发现者计划。

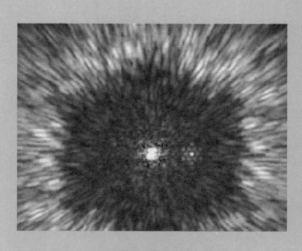

TPF-C，即类地行星发现者C型，是一个可见光日冕仪。它应该比哈勃空间望远镜大3~4倍，准确100倍。它可以将恒星光芒减弱为原来的十亿分之一，让天文学家能看到行星。这幅图是天文学家模拟的通过日冕仪看到的景象©NASA/JPL-Caltech

TPF-1，即类地行星发现者1号，是一个红外天文干涉仪。它由许多小望远镜组成。在设计中，这些望远镜可能组合成一个整体，也可能分别由不同的航天器搭载，飘浮在宇宙空间里。这种仪器可以使用一种非常特别的技术，大幅度减弱恒星发出的光芒。这幅图是艺术家想象创作的　©NASA

有趣的科学思考方式

关于外星生命，科学家有过很多假想。

■胚种论

有科学家认为，也许各个星球上独立产生生命并不容易，但是如果在早期地球上，生命诞生之后，有小行星撞击地球，将部分携带有地球生命（如微生物、藻类等）的岩石抛入宇宙空间。这些顽强的生命极有可能在宇宙中存活一段时间。之后，当岩石掉落在其他星球上，比如土卫六泰坦表面，就可能会适应这颗星球的环境，并开始繁衍。

■独立起源

独立起源是目前比较主流的地外生命理论。因为科学家认为，即使存在"生命适宜区"等理论，天文学家在努力寻找与地球类似的环境，但是毕竟每颗星球的条件大不相同，能适应不同星球的生命，可能从根本结构上就是不同的。比如地球的大小和重力远远大于土卫二、木卫二等星球，所以地球上的生命能够承受更大的引力作用。

有时彗星接近太阳和地球，会带来流星雨。曾有科学家认为，彗星是地球上海洋的来源
© NASA/Dan Burbank

■陨石携生命

还有一种理论，认为地球上的生命也许并不起源于地球，而是由陨石、流星等从外太空带来的。如果这一假设成立，那么我们有理由相信，其他星球也许会有陨石带去生命的种子，并孕育出更多的生命。

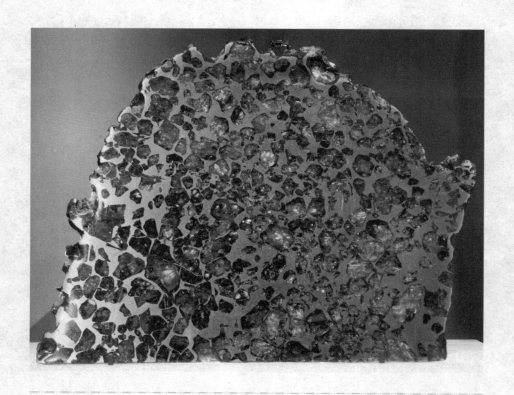

皇家安大略博物馆展出的一块陨铁照片。这块陨铁经过切割和打磨，呈现出非常漂亮的结构　© Captmondo

▇▇ 未来的期待

　　虽然到目前为止，人类尚未真正找到外星生命，但是这并不让人气馁。相反科学家仍然信心十足，不断提出各种新的想法，为寻找外星生命而努力。比如科学家提出可以向泰坦表面发射一个登陆器，叫作泰坦海洋探索者。它可以用来测量土卫六上的有机物，分析海洋成分，并且可能成为第一个地外星球上海洋的探测者。

　　美国航空航天局、欧洲空间局、加拿大空间局以及太空望远镜科学研究所等机构共同合作，计划于2018年将一个更加强大先进的望远镜——詹姆斯·韦伯太空望远镜送入太空。这个项目由NASA主导，集合了17个国家的科研力量。

　　根据计划，詹姆斯·韦伯太空望远镜的主要任务是寻找宇宙诞生后的第一颗恒星和星系发出的光芒。它还会研究星系的形成和演化，恒星和行星系统的形成，并且研究生命的起源。

詹姆斯·韦伯望远镜的部分主镜。目前该项目正在按照计划有条不紊地进行中 © NASA/MSFC/David Higginbotham

泰坦海洋探索者在土卫六海洋中探测的艺术想象图 © Jet Propulsion Laboratory/Corby Waste 公共领域

立体红蓝视差图

LITI HONG LAN SHICHATU

图书在版编目（CIP）数据

　　探索地外生命 / 李珊珊，胡瀚编著.
--长春：吉林出版集团有限责任公司，2017.5
ISBN 978-7-5581-1830-2
　　（太空第1课）

　　Ⅰ.①探… Ⅱ.①李… ②胡… Ⅲ.①地外生命—青少年读物
Ⅳ.①Q693-49

　　中国版本图书馆CIP数据核字（2017）第094262号

探索地外生命

TANSUO DIWAISHENGMING

编　　著　李珊珊　胡　瀚
出 版 人　吴文阁
责任编辑　韩志国　王　芳
开　　本　710mm×1000mm　　1/16
印　　张　8
字　　数　70千字
版　　次　2017年6月第1版
印　　次　2022年1月第2次印刷
出　　版　吉林出版集团股份有限公司（长春市福祉大路5788号）
发　　行　吉林音像出版社有限责任公司
　　　　　吉林北方卡通漫画有限责任公司
地　　址　长春市福祉大路5788号　邮编：130062
印　　刷　汇昌印刷（天津）有限公司
ISBN 978-7-5581-1830-2　定价：39.80元